中国少儿百科知识全书
岩石与矿物
闪闪发光的宝藏

中国少儿百科知识全书
水 的 旅 行
奇妙的地球环游记

中国少儿百科知识全书
神奇的鸟类
神同的空中猎人

中国少儿百科知识全书
有趣的力学
看不见的魔法师

中国少儿百科知识全书
飞越太阳系
人类的太空家园

中国少儿百科知识全书
地球的故事
46亿年的奇迹

中国少儿百科知识全书
西方艺术

中国少儿百科知识全书
印 度 文 明
多彩而神秘

中国少儿百科知识全书
南极和北极
站在世界尽头

中国少儿百科知识全书
鲸豚王国
从四足小兽到海洋巨兽

中国少儿百科知识全书
奇趣物理
小到微粒，大至宇宙

中国少儿百科知识全书
化 学 世 界
熟悉又迷人

中国少儿百科知识全书
太空之旅
从遥望星空到穿越虫洞

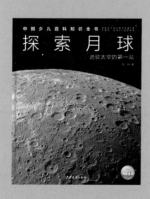

中国少儿百科知识全书
探 索 月 球
进驻太空的第一站

U0344577

ENCYCLOPEDIA FOR CHILDREN

中 国 少 儿 百 科 知 识 全 书

植 物 王 国

伫立于太阳和大地之间

杜菡影 / 著

少年儿童出版社

根喜爱拥抱大地，茎和叶向往阳光。伫立于太阳和大地之间，植物不言不语，纵然物换星移，它们依旧供养着数不清的生命。

30多亿年前，地球上出现了最简单的原核生物。渐渐地，它们分化、演化出多细胞藻类，在海洋里一住就是十几亿年。4亿多年前，一些绿藻演化为根、茎、叶分明的原始陆生维管植物，至二叠纪，各种蕨类植物成了陆生植被的主角。其间，裸子植物悄悄登场，在中生代迎来繁盛期。到了中生代末期，被子植物异军突起，它们长出花和果，逐渐成为植物界的霸主，并最终和"前辈"们一起，缔造了现代丰富多彩的植物王国。

中国少儿百科知识全书
ENCYCLOPEDIA FOR CHILDREN

总　序

科技是第一生产力，人才是第一资源，创新是第一动力，这三个"第一"至关重要，但第一中的第一是人才。千秋基业，人才为先，没有人才，科技和创新皆无从谈起。不过，人才的培养并非一日之功，需要大环境，下大功夫。国民素质是人才培养的土壤，是国家的软实力，提高全民科学素质既是当务之急，也是长远大计。

国家全力实施《全民科学素质行动规划纲要（2021—2035 年）》，乃是提高全民科学素质的重要举措。目的是激励青少年树立投身建设世界科技强国的远大志向，为加快建设科技强国夯实人才基础。

科学既庄严神圣、高深莫测，又丰富多彩、其乐无穷。科学是认识世界、改造世界的钥匙，是创新的源动力，是社会文明程度的集中体现；学科学、懂科学、用科学、爱科学，是人生的高尚追求；科学精神、科学家精神，是人类世界的精神支柱，是科学进步的不竭动力。

孩子是祖国的希望，是民族的未来。人人都经历过孩童时期，每位有成就的人几乎都在童年时初露锋芒，童年是人生的起点，起点影响着终点。

培养人才要从孩子抓起。孩子们既需要健康的体魄，又需要聪明的头脑；既需要物质滋润，也需要精神营养。书籍是智慧的宝库、知识的海洋，是人类最宝贵的精神财富。给孩子最好的礼物，不是糖果，不是玩具，应是他们喜欢的书籍、画卷和模型。读万卷书，行万里路，能扩大孩子的眼界，激发他们的好奇心和想象力。兴趣是智慧的催生剂，实践是增长才干的必由之路。人非生而知之，而是学而知之，在学中玩，在玩中学，把自由、快乐、感知、思考、模仿、创造融为一体。养成良好的读书习惯、学习习惯，有理想，有抱负，对一个人的成长至关重要。

为孩子着想是成人的责任，是社会的责任。海豚传媒

与少年儿童出版社是国内实力强、水平高的儿童图书创作与出版单位，有着出色的成就和丰富的积累，是中国童书行业的领军企业。他们始终心怀少年儿童，以关心少年儿童健康成长、培养祖国未来的栋梁为己任。如今，他们又强强联合，邀请十余位权威专家组成编委会，百余位国内顶级科学家组成作者团队，数十位高校教授担任科学顾问，携手拟定篇目、遴选素材，打造出一套"中国少儿百科知识全书"。这套书从儿童视角出发，立足中国，放眼世界，紧跟时代，力求成为一套深受 7 ~ 14 岁中国乃至全球少年儿童喜爱的原创少儿百科知识大系，为少年儿童提供高质量、全方位的知识启蒙读物，搭建科学的金字塔，帮助孩子形成科学的世界观，实现科学精神的传承与赓续，为中华民族的伟大复兴培养新时代的栋梁之材。

"中国少儿百科知识全书"涵盖了空间科学、生命科学、人文科学、材料科学、工程技术、信息科学六大领域，按主题分为120册，可谓知识大全！从浩瀚宇宙到微观粒子，从开天辟地到现代社会，人从何处来？又往哪里去？聪明的猴子、忠诚的狗、美丽的花草、辽阔的山川原野，生态、环境、资源，水、土、气、能、物，声、光、热、力、电……这套书包罗万象，面面俱到，淋漓尽致地展现着多彩的科学世界、灿烂的科技文明、科学家的不凡魅力。它论之有物，看之有趣，听之有理，思之有获，是迄今为止出版的一套系统、全面的原创儿童科普图书。读这套书，你会览尽科学之真、人文之善、艺术之美；读这套书，你会体悟万物皆有道，自然最和谐！

我相信，这次"中国少儿百科知识全书"的创作与出版，必将重新定义少儿百科，定会对原创少儿图书的传播产生深远影响。祝愿"中国少儿百科知识全书"名满华夏大地，滋养一代又一代的中国少年儿童！

中国科学院院士
火山地质与第四纪地质学家

目　录

你好，植物！

植物热爱高山、草原、雨林，也爱街角、小道和公园……

精密的构造

根喜欢拥抱大地，茎、叶却向往阳光。植物迎来"成人礼"后，花朵黯然失色，种子开始形成。

从简单到复杂

从在水里漂浮到遍布陆地，从匍匐在地到傲然挺立……植物的演化如史诗般波澜壮阔，悠远绵长。

植物的智慧

为了更好地生存，植物练就了十八般武艺。虽然不能奔跑，它们却各有一套繁衍和御敌的绝招。

走近植物

纵然拼尽全力，一些植物也难逃灭绝的厄运。为了保护它们，人们修建了一座座植物乐园……

附　录

揭秘更多精彩！

奇趣AI动画

走进"中百小课堂"
开启线上学习
让知识动起来！

扫一扫，获取精彩内容

宁静的生命

　　从太空遥望，地球俨然是一颗蓝色星球。湛蓝之间，点缀着绿意。给大地披上绿色纱衣的，正是这本书的主角——植物。不像动物四处奔跑，植物总是安安静静地待在一个地方。纵然物换星移，植物依旧默默供养着数不清的生命。

内共生事件

　　大约 16 亿年前，蓝细菌被一些真核细胞"吞"掉，它们存活下来，与宿主细胞共生，渐渐演变为叶绿体。

藻类化石

苔藓化石

蕨类化石

向陆地挺进

　　早期的藻类大多生活在海洋里。它们一辈子被水浸泡着，全身上下都能汲取养分和水。有些藻类生出了假根，这些假根像纽带一样，将藻体紧紧固定在水底。有些藻类没有假根，只得漂浮在水中。沧海桑田，物换星移，一部分上了岸的藻类逐渐演化成苔藓植物和蕨类植物。

假根的挣扎

　　陆地上的生活十分不易，植物体内的水分迅速流失，如果不及时补水，它们很容易枯竭。借助假根，苔藓植物得以告别漂泊的生活，稳稳地固定在一个地方。但由于陆地上的水和无机盐大多藏在土壤里，如果没有像样的根，就无法变高变大。所以，苔藓植物只能匍匐在地面，默默生长。

维管束诞生

　　苔藓植物征服大陆之后，蕨类植物异军突起。它们长出发达的根系，这些根不但将植物牢牢固定，还拼命吸收泥土里的水和无机盐，并将这些营养物质经由充当植物"血管"的维管束输送给叶子。

元古宙藻类

奥陶纪藻类

地钱

葫芦藓

顶囊蕨

问荆

非维管植物　　　　　　　　　维管植物

藻类植物　　　　苔藓植物　　　　蕨类植物

播撒花粉

借助水，蕨类植物的雄性配子（精子）才能靠近雌性配子（卵子），与其结合发育为新植物体。但陆地上的气候并非一直温暖潮湿，每当干旱期不期而至，蕨类植物便败下阵来。后来，一些植物率先演化出花粉粒，成为裸子植物。以风为媒，花粉飘落至雌球花上，便可完成授精。

高效繁殖

有了花粉，裸子植物变得有些"洋洋得意"，还未受精，就预先给种子备上充足的"食物"——胚乳，让繁殖过程变得冗长。被子植物要聪明得多，发明了"双受精"的独门秘籍，以保障胚胎和胚乳同时发育。此外，被子植物还开出艳丽的花朵，吸引昆虫和其他动物来为其传粉。一步一步地，被子植物登上了植物界的霸主之位。

银杏

荷花玉兰

桂花

在石炭纪，高大的木质蕨类和原始裸子植物空前繁盛，缔造出一代植物帝国，即便死后也为地球制造了另一份惊喜——煤炭。

石炭纪森林

开奶油色小花、结红色浆果的常绿灌木无油樟是现存起源最早的被子植物，也是被子植物中最早分化出来的一支。

无油樟

维管植物

裸子植物

被子植物

植物群落

　　各种各样的植物都有自己心仪的居所：山地、草原、森林、荒漠……它们很少独自生活，总是成群地聚在一起，组成一个个特定的植物群落。在群落中，每一种植物都努力地融入环境，与大家相互依存。

荒　漠

热带雨林

草　原

苔　原

内蒙古自治区巴丹吉林沙漠

代表性植物： 胡杨、梭梭树、柽柳

　　位于巴丹吉林沙漠西北部的额济纳旗胡杨林区是国家级胡杨林自然保护区。

胡　杨

云南省西双版纳热带雨林

代表性植物： 望天树、桫椤、棕榈

　　桫椤又叫树蕨，属于拥有高大主干的树形蕨类，广泛分布在热带地区。

桫　椤

❶ 荒　漠

　　在荒漠生存并非易事！荒漠里的降水量少得可怜，植物首先要耐得住干旱。此外，由于植被稀疏，一旦狂风肆虐，一时间，飞沙走石，尘土飞扬，为此，植物必须拥有发达的根系——既能深入地下吸收水分，又能牢牢地抓住地面。在新疆维吾尔自治区、内蒙古自治区的荒漠地带，胡杨、柽柳等缔造了成片的沙漠绿洲。那些能干的水分储存者——仙人掌等肉质植物同样不畏荒漠的残酷环境，它们根系发达，把吸收来的水分储存在身体中，身上还具有蜡质表皮，叶片也变成针状，可以减少水分蒸发。

❷ 热带雨林

　　森林是陆地上最主要的植被之一，也是物种最为丰富的植物群落，而全世界最富饶的森林当属热带雨林。热带雨林终年温暖而湿润，不计其数的物种在这里繁衍生息。在热带雨林里，高矮不同的植物排列得错落有致。上层乔木高逾 30 米，它们大多终年常绿。缠绕着高大乔木的木质藤本植物，它们身材要纤细得多。再下一层是蕨类和草本植物，它们见缝插针，到处都是。苔藓和地衣铺满了地面，也会顺着树干往上爬。

吉林省长白山苔原

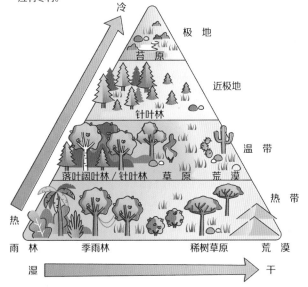

代表性植物： 矮桦、仙女木

仙女木大多生长在高海拔的苔原地带，它们常常大面积贴地生长。

仙女木

❹ 苔　原

白茫茫的苔原上，要数苔藓和地衣最多，低矮的小灌木与耐寒的草类也有分布。那里的冬季寒冷漫长，夏季凉爽短暂。狂风时常不请自来，雨水却很少光临。土壤下面常常是永久性冻土层，厚度可达数米。尽管气候恶劣，那里却不像荒漠那般单调，每到解冻之时，多年生植物就抓紧时间，开出鲜艳而美丽的花朵。

💡 知识加油站

亚洲幅员辽阔，气候多样，干湿、冷热各不相同，形成了纷繁复杂的植物群落。雨林、针叶林、草原、苔原、荒漠……应有尽有。

内蒙古自治区乌兰布统草原

代表性植物： 羊草、野苜蓿、狼毒

狼毒在草原上赫赫有名，它们的猖獗生长给其他植物造成了威胁。

狼　毒

❸ 草　原

在温带半干旱气候地区，翠绿的草本植物一望无垠。随着土壤层变薄、降水减少，高大的树木生存变得困难，只有那些身材矮小却生命力顽强的植物（如禾本科、豆科和菊科植物等）能存活下来。这些低矮的植物成了草原动物肥美的大餐，成群结队的牛、羊悠然地生活在大草原上。但这种悠闲的日子并不会世世代代延续，草原上还生长着一种牛羊不吃的名叫狼毒的有毒植物。如果过度放牧，大量植物被啃食殆尽，狼毒等有毒植物会乘机肆意繁殖，草原动物的家园便会慢慢沦为一片荒漠。

植物与我们

即便周围看不见任何植物，你的生活依旧与它们密不可分。你呼吸的氧气，穿在身上的棉衣，每顿吃的粮食，睡觉的床，写字用的铅笔和纸张……无一不和植物有关。从古至今，人们一直致力于驯化植物、就地取材，让自己的衣食住行更加舒适、方便。

防浪护坡

许多植物拥有发达的根系，它们就像牢牢的抓手，将植物固定在泥土里，泥土也因此变得十分"结实"，不易受侵蚀。在海滩边、山坡上，人们广泛种植草木，以免巨浪侵袭、水土流失。

美化环境

五彩缤纷的花卉常作为园艺植物，给花园、建筑、道路增添光彩。许多花卉还被赋予特殊寓意，当作特别的礼物，送给亲人和朋友。

净化空气

长期以来，大气中的氧气和二氧化碳维持着相对稳定的平衡，人类的工业生产、交通出行等却将这一平衡打破了。为了降低大气中二氧化碳的含量，人们在居民区和郊外广泛种植树木。

参与水循环

在太阳的炙烤下，陆生植物体内的水分不停蒸发。水汽飘散到大气中，一路蹿升到高空变成小水滴，它们聚集成云，在云里碰撞，合并成大水滴，当空气托举不住的时候，大水滴就会从空中掉下来，形成雨。

能源宝藏

古老的植物死后，经过亿万年的演变，化身为煤炭。成功开采出煤炭后，人们如获至宝，煤炭一度成为世界上最重要的能源。掉落的枯树枝也可以作为燃料，直接燃烧。

动物乐园

就像城市给现代人提供了栖息之所，森林和草原给动物提供了生活乐土。鸟类在树枝上筑巢，昆虫在草叶下休憩，小型哺乳动物在丛林间追逐……每一种动物都有安身的地方。而种类繁多的花草、树叶、果实，则为动物提供了丰富的食物来源。

粮食作物

草本植物把有限的能量尽可能多地积蓄到种子里。数千年前，一些有智慧的古人从野草中驯化出不同种类的谷物，如小麦、大麦、燕麦等。这些饱含丰富养分的谷物被碾成粉末，用来制作面包、面条和馒头。

人类居所

在水泥、钢筋还未诞生时，木头是最重要的建筑材料之一。而今，人们依然用木头来制作一些家居用品，比如床、沙发、柜子等家具，以及碗、筷子、勺等餐具。

天然药物

几千年前，在古代中国和古希腊，那些寻找治疗方案的医生会四处采集各种植物，研究它们的药效，并对这些植物根、茎、叶的药用价值加以描述、总结。如今，草药仍然构成中医药学的重要部分。

树木的构造

在很多国家，人们都能找到一种高大浓密、形体优美的树——橡树（也称栎树）。橡树就像稳重的智者，越是年长，越显得雄伟。它们慢条斯理地生长，年满 30 岁才会开花。好在它们特别长寿，大多能够活到几百岁。

树中之王

早期的针叶树并不开花，它们会长出形似花的球果，比如松果。橡树勇敢地迈出了一大步，它清晰地规划好了何时开花、何时结果。因为掌握了开花的技能，橡树一跃成为最大的开花植物之一。橡实是橡树的果实，颗粒小巧，却不会随风而动。在秋天，橡实落到树下，由于缺少阳光，它们很难就地生根、发芽、长成新树，每当这时，橡实总是迫切地盼望老朋友——松鸦的到来。

叶芽

长在枝头的叶芽被芽鳞包裹并保护着，好像穿着一件御寒的棉衣。到了春天，芽鳞会自动脱落。慢慢地，叶芽会长成新的树叶和枝条。

树干（茎）

橡树长出雄壮而坚硬的树干，并非一年之功。经过长年累月的雕琢，树干的木质变得坚韧且细腻，常被用来加工成船只、木桶。在大航海时代，用橡木制成的帆船曾风靡一时。

遗漏的美好

松鸦对橡实充满了喜爱，它们拼命地吃掉地上的橡实，可是实在太多了，怎么也吃不完。松鸦不愿放弃眼前的橡实，于是它找到合适的位置，用嘴在地上挖一个洞，再衔一颗橡实放入其中，然后盖上土，许许多多的橡实就这样被藏了起来。冬天找不到食物时，松鸦就会飞回来将橡实挖出，不过总会遗漏一些。等到来年春天，被遗漏的橡实萌发出小芽，从土里冒出，新一轮的生命之旅就开始了。

你看过宫崎骏的动画电影《龙猫》吗？里面胖胖的龙猫就住在一棵巨大的橡树里。

90米

澳大利亚的塔斯马尼亚岛上生活着世界上最大的橡树，它们高约90米，树干的直径达3米。

花

青翠欲滴的雄花序好似一条条绿色的毛毛虫倒挂着，又像是一串串风铃在迎风摇曳。雌花毫不起眼，独自或三两成团点缀在叶柄上，盼望着有朝一日能结出质地坚硬的果实。

叶

橡树叶富有灵性，叶片几乎和人手一般大，模样也像长着粗壮手指的手。春天，橡树叶总是磨磨蹭蹭，经常挨到开花之时，才和花一起冒出来。

春

夏

秋

橡实（果实）

每一颗橡实都戴着一顶精美而奇特的"帽子"——橡碗，穿着一件坚硬的棕色"外衣"。橡实富含淀粉，曾被古人当作食物。不过有的橡实有丝丝甜味，有的却略显苦涩，必须加工之后才能吃。

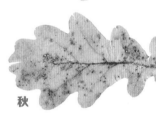

冬

种子

埋藏在泥土里的橡实脱去"帽子"后，里面的种子乘机钻出来。紧接着，种子开始长出叶子和根。

根

橡树的根生长得非常快，在生命的第一年，可以生长1.5米。用不了几年，它们就会在地下形成又深又广的根系，以吸收更多的水和无机盐。

聪慧的根

植物远比人类想象的聪明得多！它们虽然待在一个地方不动，却可以精准地探测到水与无机盐，也可以"嗅"到周围的危险，然后巧妙地避开。对于植物而言，大概要数深入泥土的根最为聪慧，它们好似植物的大脑，指挥着其他部位的活动。

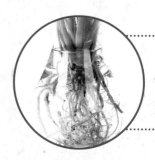

植物的根大多埋在泥土里，也有一些淹没在水中。

汲取营养

不论身处地下还是水下，植物的根都擅长侦察、吸收水和无机盐等营养物质。经过漫长岁月的演化，根分出了几大区域：表皮、皮层、中柱（又称维管柱），它们各司其职。水和溶于水的无机盐被薄薄的一层表皮吸收，经由皮层横向传输给中柱，再沿着中柱到达茎和叶。借着阳光，叶子把根收集来的水、无机盐加工成"食物"，靠中柱向四处输送，部分"食物"到达皮层，在那里被储存起来。

中 柱　　　　**皮 层**　　　　**表 皮**

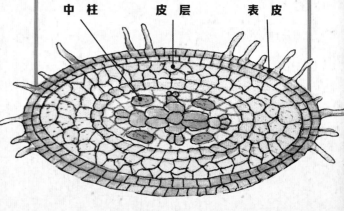

许多高大的乔木都长有板根，以支撑起自己硕大的身躯，同时获取充足的营养。

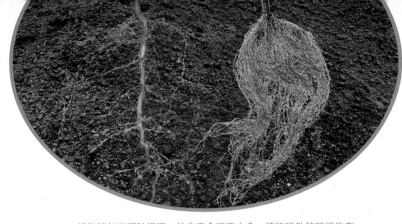

直根系与须根系

大大小小的根交织在一起，形成了根系。一些植物拥有一根粗壮的主根，细得多的侧根从主根上生出，更为细小的毛须细密地分布在侧根上，它们共同形成了直根系。另一些植物的根系好似一大把胡须，叫作须根系，大把粗细相差无几的根互相缠绕，越向根尖处越纤细。须根系不爱向下深扎，反而更喜欢横向探索土壤。

植物能长出哪种根系，并非完全听天由命，植物所处的环境也有重要影响。在土壤肥沃、排水良好的地方，植物更倾向于长出直根系，以汲取深入地下的水分。如果环境恶劣，地下有岩石遮挡，植物则更愿意长出须根系，以尽可能多地吸收渗入地表浅层的水分。

不定根

除了那些初生的根系，植物还有一些其他的根，如不定根，它们长在植物的茎或叶上。不定根有攀缘根、支柱根、附生根等多种类别。

攀缘根

常春藤喜欢附着粗糙的树干或墙壁，而爬上这些地方需要一种像毛刷一样的攀缘触角，这些细密的触角其实就是从茎上生出的攀缘根。正因如此，常春藤也有"百脚蜈蚣"的俗称。

支柱根

许多笔直的"绳子"——支柱根从榕树枝干悬垂而下，像天然的帘幕一样。一开始，它们只是垂在空中随风摆动，一旦伸长到达地面，就会深入泥土里，渐渐长大变粗。

附生根

石斛等兰科植物喜欢附生在树上，为了牢牢地抓住树干，石斛的茎伸出长长的附生根。这些附生根除了从树皮缝隙内吸收蓄存的水分，也会拼命汲取空气中的水分。

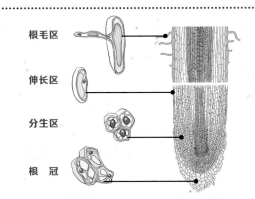

根毛区

伸长区

分生区

根　冠

根尖的力量

根尖位于根的顶端，它的生长十分旺盛。分生区是根的"原料工厂"，它不断分裂形成新的细胞。这些细胞移向两端，向上形成了根的伸长区，向下形成了根冠。根冠冲锋在前，外层的细胞会分泌黏液，黏液滋润着根尖，让它不容易受伤。大量的淀粉体储藏在根冠里，这些淀粉好似植物的重力感应器，让根永远保持向下生长。伸长区的细胞又瘦又长，把根尖拉得细长，运送水和养分的通道从这儿开始形成。根毛区的细胞像是一块块优质的海绵，贪婪地吸收土壤中的水和养分。

不简单的茎

　　根喜欢拥抱大地，茎却向往阳光。茎像一根笔挺的脊梁，将植物的叶、花和果实稳稳撑在半空。茎也像一条长长的管道，将根吸收的水和养分运输给叶、花和果实，又把叶生产的"食物"运输给花、果实和根。

是树还是草？

　　种子发芽、长大、成熟，一些植物是高大的树，一些植物是低矮的草。我们常把前者称作木本植物，把后者称作草本植物。木本植物的茎会长成质地坚硬的木头，需要用力才能折断，甚至需要借用斧子才能砍断；草本植物的茎柔软得多，常常轻轻一折就断了。

椴树的茎也就是树干，质地坚硬，支撑着满树的枝叶。

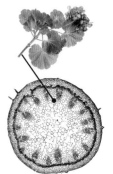

天竺葵的茎十分细长，基部呈木质化。

水稻的茎非常柔软，维管束在茎内星罗棋布。

维管束里运输忙

　　茎破土而出，它延续了根的基本构造，由表皮、皮层和中柱三部分组成，不过结构更为精巧。中柱里分布有中央髓、髓射线和维管束，维管束就像一大束致密的运输管道，木质部的导管负责运输水和无机盐，韧皮部的筛管则负责把糖等有机养料输送到植物全身。木本植物有更强的生长能力，夹在木质部和韧皮部之间的形成层是细胞生产基地，大批新生的细胞从这儿出发，绝大部分往内跑向木质部，少数往外跑向韧皮部，茎随之变得越来越粗。

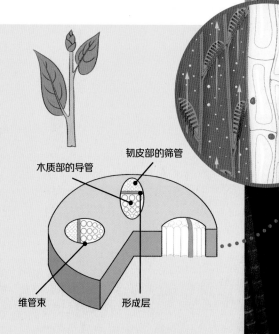

韧皮部的筛管

木质部的导管

维管束

形成层

"高冷"的竹

从古至今，竹深受中国人喜爱，与梅、兰、菊并称"四君子"。竹是草本植物，但它的茎（也叫竹干）多呈木质化，韧性强，可供建筑用，也可以用来造纸，编织用具。

茎卷须

葡萄是攀爬高手，它的一部分茎特化成卷须，可以爬上各种墙面、藤架，或是其他高大直立的植物。

变态茎

植物的发育并非一成不变，随着环境变化，它们的器官（包含茎）会慢慢发生变化，从而更好地适应环境。

球茎

番红花的地下茎末端肥大，好似一个圆滚滚的球，名为球茎，它们擅长储存营养物质。荸荠和慈姑是可以食用的球茎。

块茎

马铃薯的地下茎末端膨大成块状，里面储藏有大量的养分（主要是淀粉），被称为块茎。红薯与马铃薯看似很像，却非块茎，而是块根。

鳞茎

剥开洋葱，里面红色或白色的肉质鳞叶一片裹着一片，紧贴在一起，生长在一截扁平盘状茎上，这种结构叫作鳞茎。

年轮的形成

木本植物的木质部生长得非常致密，不断增多的木质部细胞连续叠加在一起，形成了一个完整的木质带。在温暖潮湿的春夏季，形成层快速制造木质部细胞，因为汲取了充足的养分，这些细胞个个大且色浅。进入秋冬季后，由于营养供给不足，形成层的生产力骤降，这时新生成的木质部变得色深而狭窄。第二年春暖花开之时，植物再次获得滋养，又大又色浅的木质部细胞重新生成，叠加在去年秋冬季长出的那层狭窄色深的木质部之外。如此循环，年复一年，便形成了一圈圈年轮。

韧皮部　　2023年　2022年　2021年　2020年　　春夏季长出的木质部

表皮（树皮）　　　　　　　　　　　　　　秋冬季长出的木质部

叶的思绪

与茎相比，叶对太阳的喜爱更加深沉。叶攫住太阳赐予的能量，收集来充足的养分，把它们变成丰盛的美餐，然后转赠给植物的其他部位。尽到了本分，叶还喜欢装扮自己，它长出特有的形状，显得和其他植物不太一样。

叶的构成

我们平时食用的蔬菜大多是植物的叶。叶片占据了叶子大部分的面积，叶柄的一端支起叶片，另一端与茎相接。叶柄与茎的连接处，有时还有小小的叶状附属物，叫作托叶。拥有叶柄和托叶的叶子是完全叶，如梅树、桃树、梨树的叶子。而有些植物的叶子并不完整，它们有的缺少托叶，有的缺少叶柄，有的甚至连叶片都没有。

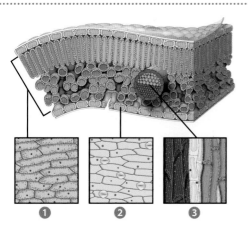

叶片

叶柄　托叶

① 叶肉细胞内富含叶绿体。

② 表皮细胞覆盖在叶片的上下表面，中间还有供叶子"呼吸"的气孔。

③ 维管束负责运输水、无机盐和有机养料。

捕虫叶

猪笼草擅长捕虫，它们身上挂着的"笼子"是捕食的秘密武器。很多人会误以为那些奇怪的"笼子"是花，其实它们是叶脉延长之后特化而来的。

红橡
单叶

银白杨
单叶

鸡爪槭
单叶

二球悬铃木
单叶

绿萝
单叶

银杏
单叶

会变形的叶

水毛茛生活在淡水里，拥有两种不同的叶片。水面以上是大片的单叶，可以充分地吸收阳光，进行光合作用；水面以下的叶子呈丝状，以应对水流的冲刷。

鹅掌柴
掌状复叶

柚子
单身复叶

银合欢
二回羽状复叶

铁刀木
偶数羽状复叶

胡桃
奇数羽状复叶

辣木
三回羽状复叶

会躲闪的叶

平时，含羞草将叶子尽情舒展开，可一被触碰，叶子就会立刻像一本书一样合起来。它之所以这样做，是为了避免被一些动物啃食。

四叶酢浆草
特殊的三出复叶

酢浆草
三出复叶

叶卷须

豌豆的叶片是羽状复叶，在羽状复叶的顶端，有些小叶会变成卷须状，便于豌豆生长后期攀附在其他植物身上，以保持直立向上生长，从而获得更多阳光。

单叶和复叶

如果一个叶柄上只有一个叶片，这类叶子就称为单叶；如果一个叶柄上有两个及以上的叶片，这类叶子就称为复叶。和单叶相比，复叶的叶片面积小，所以蒸腾作用流失的水分也相对变少。在多风的季节，一些复叶不像单叶那样随风摇曳，所以也不太容易掉落。

叶绿体和线粒体

植物俨然是座大型绿色工厂，不计其数的细胞好似一个个迷你生产车间。这些迷你车间里，有两种特别的机器：叶绿体和线粒体。它俩分工明确，配合默契。

是你让植物变成绿色的吗？

叶绿体：没错！看看彩虹你们就知道，太阳光有7种不同颜色的可见光。和你们人类一样，我也对某些颜色很有独钟。红光和橙光是我的最爱，蓝紫光我也喜欢，我会将它们统统吸收到身体里。唯有绿光我不大喜欢，会把它反射和透射出去，绿光最后到达你们眼中，所以你们看到的植物就是绿色。

叶绿体

阳光

反射绿光

透射绿光

叶绿体

大小：直径3~10微米
形状：椭球形或梭形
分布：叶、茎的细胞内
职责：制造"食物"

DNA 绞丝

外 膜
内 膜
类囊体
淀粉粒

光合作用：二氧化碳＋水 —光能→ 氧气＋有机物

阳 光
水
有机物
气 孔
叶绿体

接着呢，你会干吗？

叶绿体：大家喜欢把我"做饭"的过程称为光合作用，从字面上看，就是在阳光下合成有机物。在"做饭"的时候，我会制造出一种好东西——氧气，这你应该很熟悉啦，你们人类呼吸的氧气，大多是由我制造的哦！

听说你很擅长"做饭"？

叶绿体：哈哈，可以这么说！我最擅长做饭，叫作给根、茎、花、果实，帮助它们生长。制作有机物的过程很复杂，不过我可以简要概括。太阳光、二氧化碳和水是不可或缺的原料，叶片上的气孔帮忙收集二氧化碳，根部吸收的水也被运送到我这里。太阳出来后，"烹饪"就开始啦。

细胞是如何消化"食物"的呢？

叶绿体：这就要感谢另一位朋友——线粒体了！消化这些营养物质，线粒体可立了大等功！瞧，粒体也来啦，正好让它跟你说说。

呼吸作用：有机物＋氧气──→水＋二氧化碳＋能量

线粒体

大小：长1～3微米

形状：粒状、短杆状或线状

分布：多数细胞内

职责：产生能量

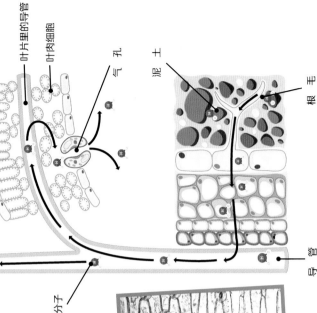

嵴
内膜
外膜

你好，线粒体先生！

线粒体：你好啊！刚才听到叶绿体跟你说起我，它实在太抬举我啦！不过呢，我的确好好似细胞的胃，负责把葡萄糖等有机物慢慢消化、分解，变成水、二氧化碳和能量。这个消化过程通常少不了氧气的参与，因此也被人们称作呼吸作用。其间制造的大量能量让细胞能量各式各样的生命活动。

氧气、二氧化碳……这些你都是靠什么运进运出的呢？

线粒体：茎、叶的表皮上有成对的保卫细胞，其间的气孔一开一合，如同植物细胞与外界连通的开关，它们共称为气孔器。白天，光合作用产生的氧气直到到达我这里，协助"消化"。到了晚上，光合作用停滞，但我们仍需要氧气，这时微张的气孔便派上用场，让空气里的氧气进入。然后，依靠扩散作用，氧气穿过一层层的细胞膜，再穿过包裹着我的双层膜，到达内部。当我完成呼吸作用后，生成的二氧化碳会沿着相反的路径，去往空气中。

气孔还有哪些用处？

线粒体：据我所知，气孔还可以控制蒸腾作用。植物从开放的气孔捕获二氧化碳时，不可避免地会蒸发大量的水分，这时就需要借助根部来补充足够的水分。无机盐溶解在水里，依靠蒸腾作用使水从根部到达叶片，这个过程就像水泵抽水一样。蒸腾作用不仅给从根部到上的动力，还带走了叶片上的大量热量，避免叶片被太阳灼伤。

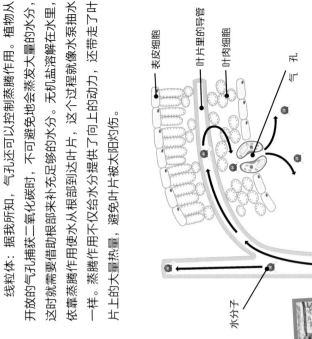

表皮细胞
叶片里的导管
叶肉细胞
气孔
泥土
根毛
导管
水分子

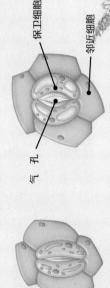

叶片显微图

气孔张开
保卫细胞
邻近细胞
气孔

气孔闭合

金铃花倒挂在枝头，伸出长长的花蕊，就像一盏灯笼，所以又被称为灯笼花。

花的秘密

在郊外的田野、市区的公园、马路的两边……花总能引起人们的注意，它们有的色彩缤纷，有的香气怡人。因为肩负繁衍的使命，花十分努力，它们盛装打扮，尽情绽放，等待传粉者的到来。

吊灯扶桑的花冠好似一盏红色水晶吊灯，卷曲的花瓣又像鸟儿美丽的羽毛。

长长的花丝向下延伸，其长度可达花瓣的2倍。

蝴蝶兰的花冠像翩跹起舞的蝴蝶，有白、红、黄色系及斑点花系和条纹花系。

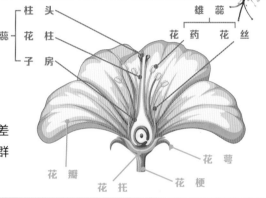

雌蕊——柱头／花柱／子房

雄蕊——花药／花丝

柱头

花药 花丝

花萼

花瓣

花托 花梗

遇见一朵花

花有大有小，有红有黄……每一种植物的花都不一样。虽然花的模样千差万别，结构却大体相似：花梗、花托、花萼、花冠（许多花瓣的总称）、雌蕊群和雄蕊群。其中花萼和花冠层层叠叠，像绵软的被子，合称为花被。

雌 蕊

大多数植物，一朵花只有一个雌蕊，雌蕊从高到低由柱头、花柱和子房（内具胚珠）组成。柱头和花柱协助子房接收、传送花粉，子房会发育成果实。

雄 蕊

一朵花里，常常不止一个雄蕊。花药长在花丝的顶端，是产生花粉的温床，而花粉在植物繁殖中不可或缺。

百合的雌蕊由3个心皮合生而成，顶端膨大的柱头清晰可见。

蒲公英
舌状花冠

火炬花
管状花冠

花 萼

大多数花萼像一片片绿色的小叶子，也有一些花萼很特别，就像花瓣一样。比如百合花的3片花萼和3片花瓣几乎没有差别，它们共同形成6片花被。

马铃薯
轮状花冠

花 冠

不同的花朵顶着不同的花冠，这些花冠就像女孩的裙子，款式各种各样。花瓣彼此分离的叫作离瓣花，如蔷薇形花冠、十字形花冠、蝶形花冠、假蝶形花冠等；花瓣彼此联合的称为合瓣花，如轮状花冠、钟状花冠、管状花冠、舌状花冠等。

香豌豆
蝶形花冠

月 季
蔷薇形花冠

迎春花
高脚碟状花冠

白花宫粉羊蹄甲
假蝶形花冠

鼠尾草
唇形花冠

碎米荠
十字形花冠

桔 梗
钟状花冠

金鱼草
假面状花冠

葡萄风信子
坛状花冠

花的性别

许多植物的花同时拥有雄蕊和雌蕊，叫作两性花，如紫叶李花。也有一些花缺少雄蕊或雌蕊，叫作单性花，如杨树花。对于单性花而言，雄株的花负责生产花粉，花粉到达雌株的花上，完成授粉，然后由雌株的花发育成果实和种子。有些植物尽管也开单性花，但雄花和雌花会长在同一植株上，比如一根南瓜藤上就同时长有雌花和雄花。

银 杏

到了秋冬季节，有些银杏树硕果累累，有些却只有金黄的叶子。那些没有结果的银杏树要么是雄株，要么是没有受粉的雌株。（银杏是裸子植物，不开真正的花，但也有雌株和雄株之分。）

银杏雄株的"花"

银杏雌株的果实

南 瓜

为了避免同株授粉，同一根南瓜藤上的雄花和雌花会错开开花时间，这样，雌花就有机会收到别的南瓜雄花传来的花粉了。

雌花

雄花

紫叶李

紫叶李花是两性花，为了避免自花传粉，雄蕊和雌蕊分别在不同的时间成熟。

伟大的孕育

美丽的花朵令人赏心悦目，但植物的本意并非是为了取悦人类，而是为了取悦传粉者。当然，植物开花的最终目的是为了孕育种子，让它们延续自己的生命。用种子繁衍后代，或许比用芽复制自己更为聪明。

知识加油站

梅花

大多数植物先给自己挂满叶子，再开出花朵，不过也有些植物特立独行。

先花后叶：梅花、紫荆和早春樱花这些多年生的木本植物，都早早地在上一年孕育好了花芽。冬天刚过，甚至正值冬天的时候，它们的花朵就已先于叶子挂在枝头。

花叶同放：另一些植物会同时准备好花芽与叶芽，比如苹果、晚樱、牡丹等。这些植物大都选在更加暖和的暮春时节甚至夏天开花。在开花的时候，叶子也跟着冒了出来。

苹果花

雌蕊的等候

一朵花中，唯一可以孕育果实的是雌蕊。雌蕊由一个或多个心皮组成，每一个心皮都有柱头、花柱和子房。当花朵完全盛开的时候，柱头会渗出一种黏液，变得潮湿，等候花粉的到来。

"小荷才露尖尖角，早有蜻蜓立上头。"喜水的蜻蜓早早到访，等待叶片"苏醒"。

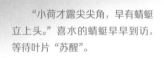

萌芽期

种子萌发

种子的萌发是被子植物生长的起点，莲（俗称荷）也不例外。莲的种子（莲子）有两枚子叶，由种皮保护的胚源源不断地从子叶中获取营养。莲子发芽后，开始进行光合作用，不再需要子叶的供养。

立叶期

叶片舒展

进入初夏，莲的幼叶向上伸展，浮出水面。蜷缩着的莲叶好似一个个尖角，努力积蓄着能量，然后慢慢舒展成圆盘状。初生的叶大多浮于水面，叫作浮叶；随后生出的叶，莲梗变得粗硬，能挺立于水面上，叫作立叶。浮叶和立叶高高低低，形成错落的叶群。

盛放期

莲花盛放

莲叶不知疲倦地吸收阳光，生产、积蓄营养物质，直到开出莲花。嵌生在花托穴内的雌蕊拥有唯一可以形成果实的子房，其中的胚珠好似发育成熟的胎盘，静候着花粉的到来。花粉密布在雄蕊的花药里，有意或无意地吸引着传粉者。

收到太阳的祝福后，植物里的种子就开始生长。子房渐渐变大，花瓣、雄蕊却已黯然失色，变得枯萎。

双子叶植物	单子叶植物
种子有2枚子叶	种子只有1枚子叶
根多为直根系	根多为须根系
茎部的维管束排列成圆周形，有形成层	茎部的维管束多为星散排列，通常无形成层
叶脉多为网状脉	叶脉多为平行脉
花的各部分多为5或4的倍数	花的各部分多为3的倍数

雌蕊

雄蕊

花托

成熟期

衰老期

果实成熟

借着风或动物的传播，花粉抵达潮湿的柱头，伸出长长的花粉管，一直到达子房，才释放出精子。精子与胚珠中的卵细胞相互结合，形成受精卵，受精卵在胚珠里发育成种子——莲子。莲花凋谢后，花托膨大，变成莲蓬。

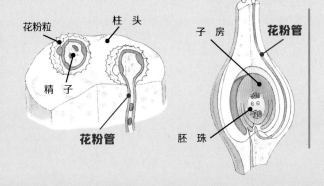

花粉粒
柱头
精子
花粉管

子房
花粉管
胚珠

种子蛰伏

莲子舒适地待在花托里，慢慢发育。等到成熟之际，凋萎的莲蓬落入水中，在水流的冲击或岩石的碰撞下，一些莲子脱落，跌入淤泥，然后蛰伏在河底。等到第二年春天，一些莲子被温暖的水唤醒，开始新一轮的生长。头一年未被采集的莲藕（膨大茎）也会生出藕芽，长出幼叶。

芳香的果实

花朵的使命是为了取悦传粉者，种子的使命是为了繁衍后代，那么果实的使命是什么呢？自然是为了呵护种子。为了让种子抵达远方，果实奉献出香甜可口的果肉，等待着采食者的采撷。

酸浆
浆果

酸浆、葡萄、蓝莓等浆果都由合生心皮的子房形成，果肉肥美多浆。

肉果

肉果是肉质的果实，通常由动物采食和传播。我们常吃的水果都是肉果，它们大多肥厚多汁，富含水分和营养。

柑橘
柑果

柑果的外果皮呈海绵状，显得格外肥厚。种子包含在内果皮中，在那里，种子散布在一瓣一瓣的果肉内。

苹果
梨果

苹果、梨等水果非常特别，它们的果实由子房和一部分发达的花被、花托合生而成，子房为中间不可食用的部分，而花托的皮层成了肥美的果肉。

草莓
聚合果

草莓的一朵花里有很多雌蕊，每个雌蕊里有多颗胚珠，每颗胚珠可以形成一枚种子。受精后，每个雌蕊发育成一个小的果实，许多小果聚生在花托上，形成一个聚合果。

凤梨
聚花果

凤梨、无花果等植物的许多花集生于花轴上，每一朵花可以发育为一个小果，这些小果合生在一起，成为一个单独的大果。这就是聚花果。

南瓜
瓠果

瓠果和梨果有点像，也是由子房与花的一部分合生而成的果实。花托和外果皮结合为坚硬的果壁，中果皮和内果皮呈肉质。

桃
核果

桃、梅、杏等核果由单个心皮发育而成。它们大多外果皮薄，中果皮肥厚，内果皮木质化形成核。

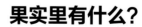

果实里有什么？

当花朵完成受精的任务后，它的花药和柱头萎缩，子房开始发育，渐渐变成果实。为了给种子提供充足的养分，果实常常把自己变得无比肥厚，人类自然拒绝不了这些美味的诱惑。经年累月，许多野生的植物被人类驯化，成为重要的食物来源。

栾
蒴果

蒴果里有一个或多个房间，多枚种子聚在一起，或者分散在各个房间。在成熟之际，蒴果会选择喜欢的方式开裂。

油 菜
长角果

长角果的内部好似两个长长的房间，中间由一个薄薄的"帘子"隔开。油菜等长角果富含脂肪，是极佳的榨油原料。

玉 米
颖果

水稻、小麦、玉米等颖果成熟时，果皮与种皮紧紧贴合，不易分开。人们要想吃到稻米，得先把稻谷送入砻谷机，去除谷皮（果皮）。

板 栗
坚果

和许多干果不同，坚果即使熟了果皮也不会裂开。板栗坚硬的果皮包裹着富含营养的果肉，为了获取这一美味，人们必须想办法打开密生尖刺的壳斗和坚硬的果皮。

荠 菜
短角果

短角果呈扁平的圆形或三角形，细小的种子包裹在其中。常被用作饺子馅的荠菜长有倒三角形的短角果。

在 5 月前后，荠菜的种子由青变黄，发育成熟。

大 豆
荚果

荚果就像一个大通铺。一旦成熟，果实大都会沿着中缝裂开，比如大豆、豌豆、蚕豆。花生也是荚果，但它成熟时不会开裂。

干 果

干果是干燥的果实，依靠风、重力或动物的皮毛传播。有些干果成熟时果皮会开裂，称裂果；另一些果皮不开裂的则称闭果。

八 角
蓇葖果

蓇葖果通常由单心皮发育而成，成熟时仅沿一个缝隙裂开。八角由一朵花的离心皮发育而来，是聚合果的一种，被称为聚合蓇葖果。

向日葵
瘦果

瘦果成熟时果皮不会裂开，一颗果实里只有一枚种子。成熟后，果皮和种皮非常容易分离。向日葵就是瘦果，我们平时嗑瓜子，就是在剥离果皮，吃掉种子。

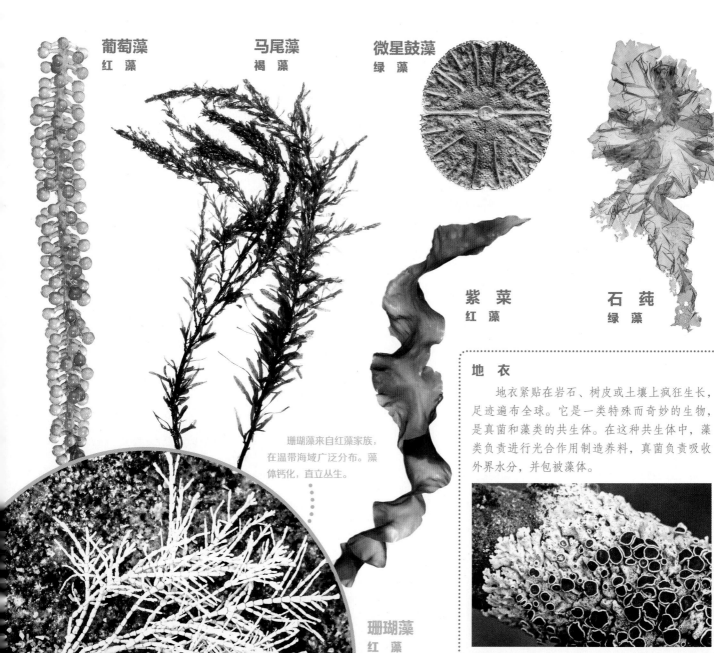

藻类植物

经过漫长的岁月，一些原始藻类（早已灭绝）演化成了植物。今天，仍有大量藻类生活在地球上，其中大多数分布在海洋和淡水里。

微小和巨大

藻类没有根、茎、叶，却和大多数植物一样，有绿色的叶绿素，可以吸收太阳光，释放氧气。一些海藻还会制造红色的色素，就算潜居深海，也能吸收微弱的光线。巨大的海洋藻类看上去就像陆地植物一样，它们将一端附着在海底，任由自己几十米长的身体在水中摇摆。微小的藻类得靠显微镜才能看清，它们一辈子漂浮在水中，四处游弋。

团 藻
绿藻

葡萄藻
红藻

马尾藻
褐藻

微星鼓藻
绿藻

紫菜
红藻

石莼
绿藻

珊瑚藻来自红藻家族，在温带海域广泛分布。藻体钙化，直立丛生。

地 衣

地衣紧贴在岩石、树皮或土壤上疯狂生长，足迹遍布全球。它是一类特殊而奇妙的生物，是真菌和藻类的共生体。在这种共生体中，藻类负责进行光合作用制造养料，真菌负责吸收外界水分，并包被藻体。

珊瑚藻
红藻

苔藓植物

和地衣一样，苔藓植物也十分娇小，且热衷于扩张。然而，地衣没有特定的形状，像是信手涂鸦之作，苔藓植物却更像是精雕细琢的艺术品。

蛇苔

在小溪边，人们经常能看见长有蛇皮一样原植体的苔藓，即蛇苔。

叉钱苔

叉钱苔俗称鹿角草，植物体多次二叉分枝，形成葱郁的一大片。

"柔软的垫子"

因为没有传输营养物质的维管系统，苔藓植物放弃了对身高的追求，它们匍匐在地面，并生出了假根，以吸收水分。在茂密的森林里，苔藓植物生长得格外茂盛，像是一层柔软的垫子。每逢雨季，它们化身海绵，把雨水牢牢锁在地面，给树根储备充足的水分。苔藓是陆地上最早的拓荒者之一，死后会化身天然的肥料，让土壤变得肥沃，以滋养更多的生命。

溪苔

溪苔不喜欢太过阴暗的地方，要有些光照才能更好地生长。

被蒴苔

被蒴苔大多生长在泥地，它们体形娇小，样貌奇特。

地钱

这种苔类植物在中国广泛分布。它们没有茎和叶，只有像叶片一样的植物体。

葫芦藓

葫芦藓是藓类植物的代表，它们努力挺直身板，也只有大约2厘米高。与地钱不同，葫芦藓是雌雄同株，但不同枝。

森林热闹非凡，昆虫出没在铺满苔藓的地面上，悠然觅食或嬉戏。

蕨类植物

蕨类植物没有种子，和苔藓植物一样，靠孢子繁殖。但它们不再像苔藓植物一样匍匐在地上，而是长出维管束，并学会了站立，跻身高等植物的行列。蕨类植物将毕生心血全部倾注在叶子上，这让它们无比美丽。叶子多沿着根状茎直直挺起，孢子待在叶片背面。

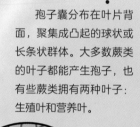

蕨类植物具有真正的根和茎，叶子通常是由许多小叶组成的复叶。叶子的中间有强壮的叶轴，以及长着小羽叶的侧轴。

② 孢子囊群

孢子囊分布在叶片背面，聚集成凸起的球状或长条状群体。大多数蕨类的叶子都能产生孢子，也有些蕨类拥有两种叶子：生殖叶和营养叶。

❶ 诞 生

卵子成功受精后形成胚，胚很快发育为绿色的孢子体。孢子体慢慢伸开拳曲的幼叶，变得越来越繁密。

受 精

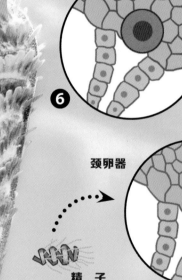

颈卵器

精 子

幼 叶

拳曲的幼叶好似小蜗牛的壳，它们一开始可能呈棕褐色，等舒展开来，才变得翠绿。

精子器

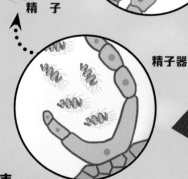

❻ 受 精

借助水，精子被释放出来，前往颈卵器中，很快它就要与卵子一起完成伟大的使命——受精。

孢子囊
它是容纳孢子
的微小的囊。

❷ 成 熟

孢子体成熟后，会产生大量孢子，
它们聚集在叶片背面的孢子囊里。

囊群盖
它可以保护
聚集的孢子囊。

孢子的一生

蕨类植物的一片叶子上，藏着数亿枚孢子，
它们规规矩矩地分布在一个个小小的孢子囊中。
当孢子囊干燥枯萎，一枚枚孢子被弹射出来，随风飘
散到泥土里。很快，孢子萌发，渐渐变成幼小的配子体，
也叫原叶体。原叶体内孕育着雌性配子（卵子）和雄性
配子（精子），在温润的季节，精子来到卵子身边，两
者亲密地结合在一起，长成一个孢子体。拳曲的幼叶
慢慢生长，逐渐舒展开来，成为硕大的叶子。等
到下一个成熟之际，聚集成群的孢子囊又会
出现在叶子上，伺机释放孢子。

❸ 播撒孢子

孢子不会一直待在孢子囊里，一旦时机
成熟（孢子囊上的一列特殊细胞——环带因
干燥收缩，使孢子囊开裂），它们便成群结队
地从孢子囊里散落出来。

孢 子
它们又小又轻，可以随
风到达很远的地方。

❹

❹ 萌 发

有些孢子经过漫长的旅行，
到达一个心仪的地方，它们停
下脚步，伺机萌发。

❸

孢子在孢子囊
里发育成熟，当孢
子囊裂开，孢子就
被弹射释放出来。

原叶体

❺

❺ 生 长

孢子渐渐生长发育，变成"五
脏俱全"的原叶体。原叶体有初生
的根、茎和叶，也自带精子器和颈
卵器，它们分别孕育精子和卵子。

裸子植物

正当蕨类植物慢慢衰落时，裸子植物繁盛起来。种子的出现让裸子植物更容易繁殖与扩张。二叠纪晚期，到处是成片的针叶林。和后来居上的被子植物不一样，裸子植物的种子裸露在外。

针叶树

针叶树是松柏类裸子植物，已经出现约 3 亿年。与苏铁类、银杏类、买麻藤类等裸子植物相比，松柏类要幸运得多，它们至今依然繁盛。凭借坚硬而富含油脂的叶子，针叶树在严酷的环境里也能存活。针叶树大都四季常绿，但生长得十分缓慢。成熟后，针叶树的孢子叶聚集成球形，就像花一样。小孢子叶球（雄球花）产生花粉，在春天将花粉释放出去后很快就凋谢了。花粉乘着风到达大孢子叶球（雌球花）。大孢子叶球受粉后，需要数月甚至几年才能发育成熟，变成球果。

雌球花

雄球花

雪 松	云 杉	冷 杉	南洋杉	侧 柏
松 科	松 科	松 科	南洋杉科	柏 科

目前，全世界生长着4种雪松，喜马拉雅雪松是其中之一。它们身材高大挺拔，是著名的观赏植物。

云杉是中国的宝贵树种，产于陕西、甘肃等地。它们漂亮的树叶呈锥形或条形，木质轻，供乐器、造纸等用材。

冷杉大多分布在高山地带。树干端直，高可达40米，胸径可达1米。不像云杉大多与其他树木形成混交林，冷杉常常组成单纯林。

年幼时，南洋杉的树冠呈尖塔形，成年之后则化为平顶状。南洋杉生性喜热，忍受不了严寒，在中国广东、广西、福建等地均有栽培。

侧柏也叫扁柏，这种长寿的树在中国广为分布。球果呈长卵形，有4对种磷，非常厚实。与野生种相比，它的栽培种要矮小得多，常用作绿篱。

知识加油站

生长在非洲西南部沙漠的百岁兰寿命可达百年以上。它们一生仅长出两片长带状叶子。随着年龄增长，这两片叶子会慢慢卷曲，破裂成多条"细带"。

香 榧

香榧是中国特有的树种，它的种子裸露在外，仅由光滑的种皮包裹。成熟的香榧种子自带清香，可以食用，是有名的干果，俗称香榧子。

水 杉

水杉原产自中国中部，是中国特有的子遗珍贵树种，也是国家一级保护植物。水杉叶呈条形，到秋季变黄，入冬后会随侧小枝一同凋落。

杜 松	罗汉松	麻 黄	银 杏	苏 铁
柏 科	罗汉松科	麻黄科	银杏科	苏铁科

杜松是一种常绿灌木或小乔木，成熟时结出淡褐色或蓝黑色的球果。杜松擅长应对干旱，能在干燥的岩缝或沙砾地生长。

一身翠绿、身形优美的罗汉松凭借出色的外形，跻身著名的庭园观赏树种之列。紫黑色的卵圆形种子点缀在暗红色的肉质种托上，看起来小巧又迷人。

这种含有生物碱的植物分布于中国北部。它最早记载于古书《神农本草经》，常用作发散风寒的中药。麻黄绿色的草质茎在秋天经采割、晒干、去杂和切断后，就成了药。

早在二叠纪，银杏纲植物就出现了。到了三叠纪和侏罗纪，银杏遍布世界各地。今天的银杏是第四纪冰期后子遗的一种。

苏铁已在地球上存在3亿多年，只不过今天，它们的身材变得矮小了许多。苏铁的树干粗短且粗糙，顶部丛生硕大的羽状叶片。

被子植物

被子植物是植物界最高等的一大门类，拥有根、茎、叶、花、果实和种子6种器官。大约1.74亿年前，最早的有花植物——被子植物出现了。从那以后，它们逐渐成为整个植物界的霸主。竞相绽放的花朵为被子植物争取了更广泛传播的机会，不论高山、苔原、荒漠，还是草原、森林，都有被子植物分布。

稻
禾本科
稻是一种重要的粮食作物，大多生活在有水且温暖的地方。

栀子
茜草科
栀子具有浓郁的花香，在春夏之际开花。随着时间推移，花由白色变为黄色。

月季
蔷薇科

艳丽的花朵、带刺的茎、3～5片小叶，还有迷人的芳香，这便是月季。月季易种植，广受人们喜爱。

荞麦
蓼科
在高寒、干旱和土壤贫瘠的地区，荞麦是重要的粮食作物，种子可以磨成荞麦粉。

鹤望兰原产自南非，在中国长江以南的温室里也有栽培。

鹤望兰又称天堂鸟，它的每朵花中有3片橙黄色的萼片，挺立如鸟冠。

30万种

目前，全世界已经发现的被子植物有近30万种，它们来自400多个科。仅中国云南，被子植物就有289科、近1.4万种。

水仙
石蒜科
野生的水仙喜欢生活在山地阴湿的地方，现在，依靠水培法，人们也可以在家里栽培它以供观赏。

鹤望兰
旅人蕉科
鹤望兰色彩鲜亮，花形奇特，如仙鹤翘首远望。其尖锐的花部高度特化，适合鸟类传粉。

番红花
鸢尾科
这种多年生草本植物被中国引入栽培，血红色的花柱可用作药物，也称藏红花。

牵牛
旋花科

攀缘缠绕的长藤上生长着形似喇叭的花朵，呈白色、蓝色或淡紫色，这就是牵牛花。

百合
百合科

中国古人将百合当作药物，西方则视百合为圣洁的象征。今天，百合花被赋予了"百年好合"的美好寓意。

中国汉代的《神农本草经》有百合可供药用的记载。

杜鹃花
杜鹃花科

古往今来，杜鹃花一直是文人墨客的心头好。杜鹃花不单单喜欢浓艳的红装，也常粉饰其他花色。

香石竹
石竹科

香石竹又称康乃馨，花朵形状丰富，颜色多样。100多年前，康乃馨开始成为"母亲之花"。

三色堇
堇菜科

这种早春花卉又称蝴蝶花，漂亮的花瓣通常有紫、白、黄三种颜色，因此得名三色堇。

绣球花名出自明代《群芳谱》。

绣球花
绣球花科

这种拥有团状花的灌木原产自中国，因为拥有蓝色、淡紫色、玫瑰红色等颜色的美丽花簇而被广泛栽培。

郁金香在中国有10余个野生种类，被广泛栽培。

粉花芭蕉
芭蕉科

粉花芭蕉的花序顶部开雄花，花序基部细密的雌花才是其果实诞生的地方。

昙花
仙人掌科

昙花喜欢在夏季夜晚8~9时开放，开放4~5小时后凋谢，因此有"昙花一现"的说法。

郁金香
百合科

杯状的郁金香花开在茎顶端。花大而美丽的郁金香被荷兰、土耳其等国当作国花。

植物的感官

与人类不同，植物没有鼻子、眼睛和耳朵，但这并不妨碍植物生存，它们有一套特有的感官，可以感知周围的环境，然后分析、判断，制定出一个个应对方案。

100多种

西番莲在中国有着悠久的种植历史，唐朝时就被引入作为观赏花卉。西番莲的果实成熟后芬芳怡人，可散发出超过100种香气。

含羞草的叶子富感应性，被触碰时小叶折合，叶柄下垂。

含羞草

植物的触觉

你可以明显察觉到植物的触觉，想想曾经见过的含羞草，只要轻轻触碰它的叶片，它就会立刻娇羞地将叶片关闭。不过，含羞草只对真切的触碰敏感，如果微风吹过叶片，含羞草并不会"害羞"。

和含羞草类似，捕蝇草也有一套敏锐的触发关闭机制：它的叶片内侧生长着很多软刺，软刺彼此保持着距离，一旦昆虫踩到叶片上，先后两次碰到软刺，叶片关闭机制立即启动。如果软刺只被触碰一次，叶片则不会采取措施。

如果把含有众多光感受器的植物叶片视作眼睛，那么落叶植物会在秋天闭上眼睛。每当秋天寒潮来袭，落叶植物便会放弃所有的叶片，转而进入冬眠状态。等到第二年春天，沉睡的植物长出嫩芽和新叶，它们也就睁开眼睛了。

植物的视觉

依靠眼睛，你可以感受和辨别光的明暗、色彩，也就是拥有视觉。可植物的眼睛在哪儿呢？科学家发现，植物体内有一系列化学分子，它们就像光感受器，不仅能分辨明暗，还能识别波长。例如，向光素和隐花色素对蓝光十分敏感，光敏色素可以吸收红光。这些光线共同影响着植物的发芽、开花、结果等生命活动。

植物的味觉

马铃薯

辣椒

和动物一样，植物的味觉和嗅觉紧密相关。植物用来感知味道的器官为叶和根：叶片贪婪地捕捉阳光，制造有机物；根部竭力吸收土壤里的养分，运送给全身。为了能大饱口福，植物普遍擅长"定位术"，尤其擅长精确定位氮、磷、钾等元素。一旦有所发现，它们就会生长出更多的根，来加大吸收效率。

烟草、马铃薯等植物不满足于只"吃"乏味的泥土，它们凭借茎、叶或花来猎杀靠近的昆虫，然后耐心地等待昆虫死去、落地、腐烂，最后依靠根部来吸收昆虫残骸释放出的营养物质。

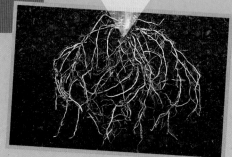

发达的根系可以帮助植物尽可能多地吸收营养物质。

植物的嗅觉

植物不仅有视觉，还有嗅觉。可植物是如何闻到气味的呢？从根部到叶片，植物的表层细胞广泛分布着气味分子接收器。接收器一旦被触发，就会产生信号，并迅速传遍整个植株。每一种气味分子接收器就像一把固定的锁，不同的气味就像一把把钥匙。当一种气味传来，对应的锁被打开，将特定的嗅觉信息传给植物。正是这样，植物实现了与外界的交流。

 ## 知识加油站

植物能听见声音吗？

科学家曾记录到一些松树和橡树在干旱时发出的超声波振动，并认为这些特别的"声音"是给同伴发出的信号，提醒它们为即将到来的干旱做准备。

迷迭香

菟丝子

除了捕捉外界的气味，植物还能自己制造气味。比如，薄荷、迷迭香不惜耗费大量能量，生产出特殊的气味，依靠浓郁的气味来保护自己。玉米在遇到棉铃虫时，会分泌出特殊的气味物质以吸引棉铃虫的天敌，从而逃过一顿啃咬。

沙漠大黄的叶片尤其大，且紧贴根部四散生长，这是它为应对干旱制定的生存方案。

逆境求生

古老的植物大多生活在水中，世世代代相对安稳。来到陆地以后，它们的足迹遍布高山、戈壁、沼泽……为了获得更多生存空间，植物必须直面各种环境，练就十八般武艺。

沙漠大黄：自行灌溉

以色列贫瘠的沙漠地区，生长着一种翠绿的植物——沙漠大黄。沙漠大黄对付干旱有一套特别的办法。它的叶片表面覆有一层蜡质，使水能够在叶片上流动，叶片上错综复杂的叶脉沟壑收集雨水与清晨的露水，然后将水引到根部，再由根部吸收至体内，实现自己给自己浇水。沙漠大黄每年最多可以收集43.8升水，是其他沙漠植物平均值的16倍，这些水足够满足它的一生所需。

仙人掌：直面强光

荒漠及高海拔地带常有强烈的光照，许多植物因此望而却步。沙漠里的仙人掌自有对付强光的绝招，它们在体表形成光滑的蜡质，可反射阳光，以降低自身温度，还能减少水分蒸发。另外，它们的叶片退化为刺，进一步减少了蒸腾作用导致的水分流失。

秋茄树：不畏高盐

在沿海浅滩，秋茄树长得十分茂盛。这种红树科植物习惯了含盐量高的海水，它拥有一种特殊机制，可以将盐分排出体外，使体内的细胞"喝"到被过滤掉盐分的水。在同样的环境里，大多数植物恐怕很难生存，因为大量的盐分摄入会令植物细胞的渗透压增大，让植物非但难以"喝"水，还会被迫"吐"水。

秋茄树开白色伞状花，花期很长，从 4 月持续到 8 月。

含生草和鳞叶卷柏十分相似，它们都有着超强的生命力，能适应极为干旱的环境。

鳞叶卷柏：寻水而居

鳞叶卷柏有项特殊本领——搬家。雨季结束，气候变得干旱，鳞叶卷柏干脆切断茎叶和根的联系，让叶片脱水变干，整个儿卷曲成团。当大风吹过，鳞叶卷柏放任自己随风滚动，迫不及待地搬离干旱缺水的地方。等抵达温暖潮湿的新家，鳞叶卷柏便停止流浪，重新长出根部，吸收水分舒展枝条，开始新的生活。

侧金盏花：冲破微光

在一些茂密的森林里，高大的乔木长出叶子以后，就会充分霸占上层空间，使得林下阴暗无光。于是侧金盏花等草本植物演化为早春植物，趁着落叶乔木还没长出新叶、阳光还能照射地面，抓紧时间生长、开花并结果。有些侧金盏花甚至在冰雪还未完全融化时，就已经开花了。

即便叶子都凋谢了，狐尾松树干上黏糊糊的树脂和严寒的环境仍然让微生物无从下口，干枯的狐尾松不会很快消亡，可伫立数百年之久。

狐尾松：不惧高寒

高寒的山区生长着一种不算高的松树，满满一树针形叶聚集在一起，酷似狐狸的尾巴，名叫狐尾松。狐尾松生长得十分缓慢，平均 100 年才长粗大约 2 厘米。为了避免落叶造成能量与营养的损失，它们几乎从不落叶，一片叶子的寿命长达 30 ~ 40 年。厚厚的树脂覆盖在树干和叶片上，既是防冻液，也是防腐剂。

防守与反击

　　植物不仅要经受自然环境的考验，还要想办法躲避动物的啃食。可是由于没有脚，它们无法逃跑。但面对前来啃食的动物，植物绝不会坐以待毙，它们演化出特别的构造，或制造出厉害的"毒药"，让动物们难以下嘴，甚至尝尽苦头。

金合欢的叶片酷似含羞草，树枝上还遍布细长锋利的尖刺。

尖 刺

　　仙人掌浑身长满利刺，足以威慑众多采食者。植物们见状，也纷纷"偷师学艺"，让身上冒出些刺。比如，皂荚树树干的中下部长出分叉刺，可以拦下那些打算爬到树上偷吃树叶的动物。金合欢更加聪明，它双管齐下：叶子长在树干的顶端，让大多数动物够不着；就算够着了，演化为刺的托叶也会给试图啃咬的动物制造不小的麻烦。

金合欢深谙"制毒"之道，在遭到天敌长颈鹿的啃食之后，它们迅速分泌苦味物质，还把这个信号传递给附近的同伴，短短几分钟之内，周围所有的金合欢都会分泌苦味物质，让天敌不愿下口。

制 毒

　　为了保护自己，一些植物会分泌有毒的物质，如乳汁。一旦被动物啃咬，大量黏稠的乳汁迅速从植物的伤口流出，以阻止动物继续啃食。对于小型昆虫来说，这一大摊乳汁简直是灭顶之灾。另一些植物的防守方式要温和许多，等到动物啃咬叶片之后，它们才开始"制毒"，让叶片变得苦涩难吃。动物很快有所察觉，便不再贪吃，转身寻找别的美餐。

一些金合欢的部分尖刺基部膨大，是蚂蚁理想的安家之所。

金合欢分泌的树胶也颇受蚂蚁的喜爱。

联 盟

　　通过"制毒"的确可以成功抵御敌人的进攻，但随机应变的动物也慢慢演化出耐受毒素的能力。一些聪明的植物不愿束手就擒，它们改换方式，分泌香甜可口的蜜露，联合天敌的天敌，一起抵御进攻。生活在非洲草原的金合欢和一些蚂蚁之间，就结成了这种联盟。金合欢为蚂蚁提供专属的食物、香甜的蜜露，还慷慨地让蚂蚁在自己身上安家。作为回报，蚂蚁担任起金合欢的守卫。蚂蚁个子虽小，但胜在成群结队，图谋不轨的捕食者只好对它们敬而远之。就算大象、羚羊前来，蚂蚁守卫军团也毫不示弱，它们蜂拥而上，奋力叮咬，大个子动物只好悻悻离去。

这几只蚂蚁正在金合欢的叶柄处探寻食物。科学研究发现，有些蚂蚁会将脚上的细菌传播到金合欢的叶子上，这些细菌可以杀死感染叶片的真菌和其他携带疾病的细菌。

短柄野芝麻

林地水苏、短柄野芝麻等植物会模仿荨麻科植物，在叶片上覆盖细密的毛刺，让动物不敢惹。

模 仿

　　动物界有许多伪装高手，如枯叶蝶、竹节虫。它们演化出与周围环境相似的形态——拟态，从而躲避天敌的追杀。植物界也有一些模仿大师，它们的拟态甚至比动物还惊人！生活在热带雨林的勃奎拉藤，攀爬到树木上以后，采用绝妙的模仿技巧，化作被攀附宿主的样子。如果周围有多种植物，它会选择离自己最近的一种进行模仿，改变叶子的形状、大小和颜色。对了，乔装成令植食性昆虫避而远之的有毒植物，也是它的惯用伎俩。

林地水苏

传粉与播种

小小的幼苗扛住变化莫测的气候，抵御采食者的侵袭，千辛万苦地长大、开花后，还有两个重要的使命：传粉和播种。为了顺利结果，繁衍后代，植物还得费尽心思。

许多风媒传粉植物具有柔软下垂的柔荑花序，一个柔荑花序上可能分布着超过 100 朵雄花。

以风为媒

风媒传粉植物最关心的事情就是如何让自己的花粉变得又小又轻，又小又轻的花粉被风轻轻一吹，就能到达很远的地方。植物的雌蕊常常呈羽毛状，以捕获飘荡在空中的花粉。为了提高成功率，雄蕊散发出数以万计的花粉，希望以多取胜。

蜂鸟

分布在西半球的蜂鸟有着像吸管一样细长的喙，以便伸入植物的管状花中吸食花蜜。在抵达下一朵花中取食时，蜂鸟不经意间将喙部的花粉轻轻弹掉，就这样，花粉完成了在花与花之间的传播。

蜜蜂

蜜蜂是许多显花植物的首要传粉者。穿行在花丛中时，蜜蜂浑身上下的绒毛特别容易沾上花粉粒。一旦停驻在某一朵花上，它身上的花粉粒就有可能洒落，完成授粉。作为回报，植物奉献出花蜜，让蜜蜂尽情取食。

传粉

借着风传粉，是不少植物的选择。这类植物大都十分低调，它们的花其貌不扬，没有艳丽的色彩，也没有诱人的味道。不过，除了以风为媒，昆虫和其他一些动物也是传粉帮手。

蝙蝠

在热带的沙漠里，许多植物倾向于夜间开花，以便夜行的蝙蝠前来为它们授粉。当蝙蝠找到一朵花后，会用长长的舌头舔食花蜜和花粉，同时身上也会沾满花粉。当它再去往另一朵花上取食时，便自然而然地完成了传粉工作。

依靠动物

为了引起注意，依靠动物传粉的植物一般拥有较大的花冠、鲜艳的色彩、强烈的气味及香甜的花蜜（由蜜腺分泌）。

漂洋过海

生长在海边的植物，其生存空间往往十分有限。为了开辟新的栖息地，它们的种子会落入大海，乘着洋流漂泊，耗时数月，远涉上千千米，直到再次被冲上沙滩，种子才开始生根发芽。

椰子是最擅长漂流的果实之一，它们坚硬厚实的外壳可以抵御海浪的冲击、海水的腐蚀，也可以阻挡阳光的照射，让种子完好无损地待在其中。

喷射与弹射

有些植物发展出一种特殊的技能，能够凭借自己的力量，将种子喷射或弹射出去。

弹射

凤仙花的果实深谙弹射之道，每当成熟的时候，微风拂过，果皮立刻收缩卷曲，然后整个果实像炸开一样，将种子弹射出去。

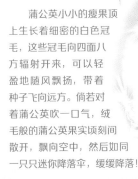

蒲公英小小的瘦果顶上生长着细密的白色冠毛，这些冠毛向四面八方辐射开来，可以轻盈地随风飘扬，带着种子飞向远方。倘若对着蒲公英吹一口气，绒毛般的蒲公英果实顷刻间散开，飘向空中，然后如同一只只迷你降落伞，缓缓降落！

乘风飞行

一些植物将自己的种子生得身量轻巧，有的像迷你降落伞，有的如同轻飘飘的羽毛，每当有风吹来，植物就送自己的种子乘风飞行，去往适宜的地方生根发芽。

播种

发育完全的种子都有去往远方的梦想。纵然无法移动，植物依旧找到了实现旅行梦的各种方法：乘风飞行、漂洋过海、借助自己的力量……

喷射

喷瓜在成熟之际，果实内部会积累很大的压力，稍有触动，果实就会"砰"的一声破裂，种子随之高速喷出，就像机关枪扫射一般。

请动物帮忙

许多植物会结出美味的果实，以吸引动物前来取食。动物摘走果实后，会把果实带去其他地方。它们痛痛快快地吃掉果肉，将种子吐出，误食的种子也会被排泄出来。一些植物还会选择用"搭顺风车"的方式传播种子，比如让种子用倒钩挂在路过的动物身上。

搭乘动物列车

有些植物没有飞行或弹射的能力，却懂得利用路过的动物来帮忙。当然，动物也不会老老实实地帮助植物传播种子，植物只好各出奇招。

"声名狼藉"的植物

有些植物与众不同，它们一点儿也不恪守植物的本分。其中一些植物精通"施毒术"，会给误食者带来生命危险；另一些植物自带难闻的气味，让大家丝毫不愿靠近；还有一些植物不满足于单单吸收泥土里的养分，它们练就了捕捉昆虫的本领，时不时给自己开个荤。

乌 头

这种艳丽的植物含有剧毒——乌头碱，如果不小心碰到，乌头碱就会经由皮肤进入生物体内，让它尝尝中毒的滋味。

有毒的植物

夹竹桃

夹竹桃这种常绿灌木的叶、花和树皮都有毒，其内含有强心苷，食用之后可能会致命。正因为如此，夹竹桃的茎叶常被用作杀虫剂。

蓖 麻

蓖麻籽含有蓖麻毒蛋白，这种有毒的物质会使细胞停止制造蛋白质。一旦摄入体内，误食者就会出现呕吐、腹泻等症状，严重者甚至会引起器官衰竭。

茅膏菜

茅膏菜的叶表面布满了如同触手一般的腺毛，它们会分泌一种有黏性的透明液珠。昆虫一靠近，便会被迅速粘住，叶片随之卷曲，让猎物动弹不得。

大花草

披着橘红色外衣的大花草直径可达1米以上。因为散发着浓烈的尸腐臭味，只有苍蝇蚊虫愿意为它传粉。

恶臭的植物

臭菘

顾名思义，这种植物因为刺鼻难闻的气味而闻名，采食者也得对它敬而远之。一些昆虫却对它偏爱有加，常常群聚在花朵里避寒。

巨魔芋

巨魔芋的花又大又好看，可花期只有短短的48小时。在此期间，巨大的花朵散发出腐肉般的臭气，与其美艳的形象形成巨大的反差。

食肉的植物

猪笼草

猪笼草筒状的"猪笼"高高挂起，色彩鲜艳、香气扑鼻，吸引昆虫造访。倘若昆虫进入笼内，光滑的瓶口会让它一个趔趄跌到笼子底部，难逃被消化的厄运。

捕虫堇

这种形似多肉植物、呈莲花状的植物"胃口"很大，它们和茅膏菜一样，叶片上布满了细小的腺毛，能分泌黏液，粘住前来歇脚的昆虫。

参观植物园

自从地球上有了植物，生物圈逐渐形成，并与大气圈、水圈等相互依存，形成了稳定的生态环境。但近年来，生态环境发生改变，越来越多的物种受到威胁。好在人们正在积极寻找应对措施，比如在各地兴建植物园。

国家植物园

揭牌时间： 2022年
植物种类： 17000余种
标本数量： 280余万份

国家植物园位于北京西山，包括南园（中国科学院植物研究所）和北园（北京市植物园）两个园区。如果去往南园，可以参观别具特色的裸子植物区、牡丹园、丁香园、月季园、王莲池……如果前往北园，海棠园不容错过，北园拥有海棠品种的国际登录权。

王 莲

华南国家植物园

揭牌时间： 2022年
植物种类： 约17000种
标本数量： 118余万份

这4座花形的建筑是华南国家植物园的展览温室群景区，这里保存着118余万份标本。园区内还有一个珍稀濒危植物繁育中心，不少珍奇植物在这里被精心培育、看护。整个华南国家植物园有"中国南方绿宝石"的美称。

地涌金莲

地涌金莲原产自中国云南，被佛教视为圣花，现在华南国家植物园热带温室已引种栽培了这一美丽的植物。

刺 槐

鹅掌楸

开白花的树兰

蝴蝶兰

中国科学院武汉植物园

成立时间： 1958年
植物种类： 13000余种
标本数量： 31余万份

武汉素有"百湖之城"的美称，武汉植物园磨山园区坐落于东湖之滨、磨山南麓，与东湖风景区交相辉映。水杉、池杉、落羽杉有序散布在园区四处，展示着这座湖城的美丽植物群落。

毛地黄

兰花植物种类繁多。武汉植物园里设有一个兰花植物专类园，收育有蝴蝶兰、兜兰等200余种植物，其中珍稀濒危植物达60余种。

兜 兰

杉 树

中国科学院西双版纳热带植物园

始建时间：1959年

植物种类：13 000余种

标本数量：28余万份

金嘴蝎尾蕉

这座植物园占地 1125 公顷，是中国面积最大、植物专类园区最多的植物园。这里保存着大片原始热带雨林，拥有引自国内外的 13 000 余种植物，分布在棕榈园、榕树园、龙血树园、苏铁园等 38 个专类园区中。

射 干

西双版纳热带植物园是植物生活的天堂，蔷薇目、百合目与芭蕉目等植物在这里过得悠然自得。

朱缨花

蝎尾蕉

佛肚树

睡 莲

金花茶

南京中山植物园

始建时间：1929年

植物种类：10 000余种

标本数量：80余万份

南京中山植物园即江苏省中国科学院植物研究所，它背倚钟山，面临前湖，傍依明城墙，遥对中山陵，前身之一是中国第一座国立植物园。植物园分南北两区，北园为我国中、北亚热带的植物研究中心，设有松柏园、药用植物园等 10 余个专类园，南园以热带植物为主，颇具观赏价值。上图的叶形建筑便是热带植物宫。

山牛蒡

药用植物的研究是南京中山植物园的一大特色。

珙 桐

风信子

上海辰山植物园

建成时间：2010年

植物种类：14 000余种

标本数量：18余万份

上海辰山植物园建设有唇形科、蕨类植物和荷花三大国家级种质资源库。园内收藏的 1 万多种植物中，数蔷薇科、凤梨科、绣球科等的植物最多。

上海辰山植物园一年四季都可前往观赏，即便是冬天，展览温室（含热带花果馆、沙生植物馆、珍奇植物馆）里也是一片郁郁葱葱的景象。

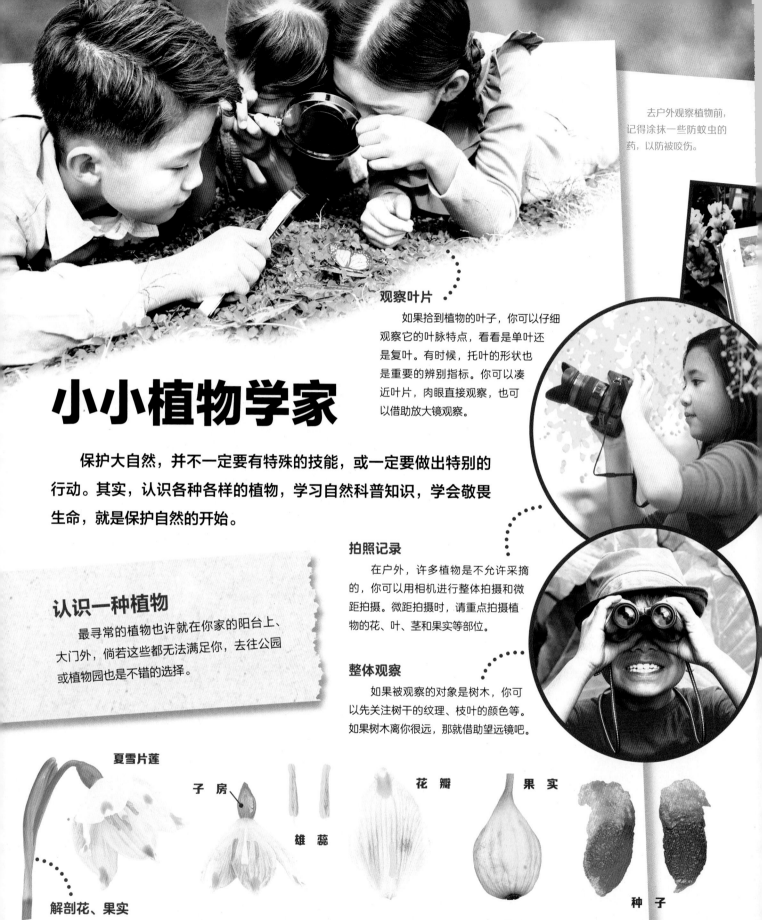

去户外观察植物前，记得涂抹一些防蚊虫的药，以防被咬伤。

观察叶片

如果拾到植物的叶子，你可以仔细观察它的叶脉特点，看看是单叶还是复叶。有时候，托叶的形状也是重要的辨别指标。你可以凑近叶片，肉眼直接观察，也可以借助放大镜观察。

小小植物学家

保护大自然，并不一定要有特殊的技能，或一定要做出特别的行动。其实，认识各种各样的植物，学习自然科普知识，学会敬畏生命，就是保护自然的开始。

拍照记录

在户外，许多植物是不允许采摘的，你可以用相机进行整体拍摄和微距拍摄。微距拍摄时，请重点拍摄植物的花、叶、茎和果实等部位。

认识一种植物

最寻常的植物也许就在你家的阳台上、大门外，倘若这些都无法满足你，去往公园或植物园也是不错的选择。

整体观察

如果被观察的对象是树木，你可以先关注树干的纹理、枝叶的颜色等。如果树木离你很远，那就借助望远镜吧。

夏雪片莲

子房

雄蕊

花瓣

果实

种子

解剖花、果实

当被允许采摘的植物开花或结果了，那你就非常幸运。借助工具小心翼翼地解剖花和果实。如果是花，你可以观察它的颜色、形态、雄蕊和雌蕊的数量；如果是果实，不妨观察它的形状，判断它的类型。

比对图鉴

如果条件允许，你可以翻阅植物图鉴，将植物的照片或实物与植物图鉴一一比对。如果身边没有工具书，浏览植物网站也是个不错的选择。

做好笔记

将你观察、判断的信息一一记录下来，还可以尝试画画，将植物的形态描绘出来。制作简易的植物标本也是一个不错的选择，你可以把叶片、花朵粘贴在本子上。

准备工具

出发前，要做好充足的准备，看看要带上哪些东西呢？不少学习用品也会派上用场哟。

望远镜
照相机
放大镜
镊子
笔记本、笔
剪刀
美工刀
卷尺

（注：工具具有替代性，请在家长指导下安全使用。）

植物标本 DIY

植物标本的制作和干花的制作有点像，但是前者更追求呈现植物完整的构造与形态。在家中，使用一些简单的工具，你也可以制作简单的标本。

❶ 标本采集

在采集的时候，尽量保证植物标本的完整性。对于矮小的草本植物，最好采集包含根、茎、叶、花、果实在内的完整植株；而对于高大的植物，可以对这些部位分别进行采集，然后将它们放在一起。

❷ 标本整理与压制

简单整理标本，比如去掉腐叶、去除泥土。将标本整齐地平铺在两层吸水纸（或报纸）之间，然后小心地将它平压在重物（比如一摞书）之下。

❸ 标本干燥

每天更换吸水纸，并再次将标本放回重物之下。如果周围环境比较潮湿，也可以使用吹风机小心地吹干标本。

❹ 标本装订

将干燥好的标本放在台纸中央摆放好，用铅笔在植物标本上标记几个固定点。再用美工刀沿着固定点刻出两条小缝隙，让细纸条穿过缝隙，在背面用胶水粘合。也可以直接用胶水把标本粘在台纸上。

❺ 完善信息

在装订好的标本旁，填写详细的采集信息和标签信息，可以写上采集的日期、地点、植物名称、生存环境，标明根、茎、叶、花、果实、种子等。

奇趣AI动画

走进"中百小课堂"
开启线上学习
让知识动起来！

扫一扫，获取精彩内容

植物标本做好之后，要小心保存，以便日后翻看。

名词解释

孢子：一些低等植物产生的一种有繁殖或休眠作用的细胞，离开母体后能发育成新的个体。

标本：保持实物原样或经加工整理，供教学、研究用的动物、植物、矿物等的样品。

不定根：从植物叶、茎、老根、胚轴或愈伤组织等非生根部位处长出的根。

雌花：具有能育雌蕊，不具雄蕊或雄蕊不育的花。

导管：植物体内木质部中主要运输水分和无机盐的管状构造。

果皮：雌蕊受精后，由子房壁的组织分化、发育而成的多层不同的组织。成熟的果皮一般可分为外果皮、中果皮和内果皮三层。

花粉：种子植物雄蕊花药中的粉状物（花粉粒），内含植物的雄性生殖细胞。因花种不同呈现黄色、白色、黄白色等。

花序：许多花按一定顺序排列的花枝，分有限花序和无限花序两大类，前者如聚伞花序，后者如总状花序、穗状花序、伞形花序等。

假根：由单细胞或单列多细胞发育而成的根状结构，形状像丝，没有维管束，具有吸收和固着作用。多见于某些藻类、苔藓植物等。

孑遗：在某一地质时期曾经繁盛，数量和种类均很多，分布很广，但随着时间推移逐渐衰退，仅有一两个种孤独地生存于个别地区，并有日趋灭绝之势的生物。如原产于中国的银杏、水杉和产于美国的北美红杉等。

胚乳：①被子植物在双受精过程中，由精子与极核融合形成的为胚提供营养的组织。②裸子植物中由雌配子体直接产生的营养组织。

配子：生物体进行有性生殖时所产生的性细胞。

气孔器：植物气生部分表皮上，由成对的保卫细胞及其所构成的气孔和包围在外的两个或若干副卫细胞所构成的结构。气孔为植物与外界进行气体交换的孔道和控制蒸腾的机构。

筛管：被子植物韧皮部由许多长筒形细胞上下相接而成的管状结构，相接处的细胞壁有许多小孔，形状像筛子，主要功能是运输糖、蛋白质等有机养料。

授粉：植物花粉从雄蕊花药传到雌蕊柱头或胚珠上的过程。有天然授粉（如风媒、水媒、虫媒等）及人工授粉等。

双受精：被子植物特有的一种受精现象。伸长的花粉管到达胚囊，放出两个精子，其中一个与卵结合形成受精卵或合子；另一精子与两个极核或中央细胞结合，形成初级胚乳细胞。经过一系列的发育过程，前者形成胚，后者形成胚乳。

藤本植物：植物体细而长，不能直立，只能用卷须、吸盘等吸附器官依附于其他物体，以缠绕或攀缘方式向上生长的植物。根据茎的质地可分为木质藤本（如紫藤、葡萄）和草质藤本（如牵牛、黄瓜）。

维管束：维管植物体内由初生的韧皮部和木质部及其周围的机械组织等所构成的束。有规律地相互连接而分布在植物的各个器官中，具输导和支持作用。

心皮：被子植物花中具有生殖功能的变态叶。是构成雌蕊的基本单位。一个雌蕊可以由一个、两个或几个心皮组成。

雄花：具有能育雄蕊，不具雌蕊或雌蕊不育的花。

芽：尚未发育成长的枝或花的雏体。能发育成枝和叶的芽称"叶芽"，能发育成花或花序的芽称"花芽"，能同时发育成枝、叶和花或花序的芽称"混合芽"。

叶脉：叶片上可见的脉纹，即贯穿在叶肉内的维管束。有输导水分、养料和支持叶片的作用。通过叶柄与茎内的维管束相连。

叶轴：复叶的中轴。叶轴上着生的叶称"小叶"。

原植体：又称叶状体。无真正的根、茎、叶分化的植物体。如藻类、地衣和苔藓等植物的营养体。

子房：被子植物雌蕊内生有胚珠的部分。在雌蕊的下部，通常略为膨大，内有一至多室，每室内含有一至多个胚珠。

子叶：种子植物胚的组成部分之一，是种子萌发时的营养器官。单子叶植物中通常具一枚子叶，双子叶植物常具两枚子叶，裸子植物具二至十多枚子叶。

杜菡影

植物学硕士，曾多次前往利川、秦岭等植物保护区进行野外植物考察。毕业后从事高端科研仪器的应用技术支持工作，同时也活跃在植物科普领域，如担任微博平台网红号"喵喵植物控"幕后小编，并参与一些科普书刊的写作及插图工作，如《你好！植物》等。

中国少儿百科知识全书

植物王国

杜菡影 著

刘芳苇 周艺霖 装帧设计

责任编辑 沈 岩 策划编辑 左 馨

责任校对 陶立新 美术编辑 陈艳萍 技术编辑 许 辉

出版发行 上海少年儿童出版社有限公司
地址 上海市闵行区号景路159弄B座5-6层 邮编 201101
印刷 深圳市星嘉艺纸艺有限公司
开本 889×1194 1/16 印张 3.75 字数 50千字
2024年3月第1版 2024年3月第1次印刷
ISBN 978-7-5589-1878-0/N · 1278
定价 35.00 元

图书在版编目（CIP）数据

植物王国 / 杜菡影著. — 上海：少年儿童出版社，2024.3

（中国少儿百科知识全书）

ISBN 978-7-5589-1878-0

Ⅰ.①植… Ⅱ.①杜… Ⅲ.①植物—少儿读物 Ⅳ.①Q94-49

中国国家版本馆CIP数据核字（2024）第033248号